我的家在中國・湖海之旅 ⑥

雪域神湖 民族風 青海湖

檀傳寶◎主編　陳苗苗◎編著

中華教育

它號稱地球上的一滴淚，
它更是超凡脫俗的雪域神湖。
你是否也想了解青海湖藏了多少動人
的故事，這片「藍色誘惑」又面臨着
怎樣的挑戰？

目錄

旅程一

不同凡響的前世今生

王母娘娘的宴會

圖片裏是一滴眼淚嗎？

其實這是一張航拍圖，你看到的「眼淚」就是中國最大的內陸湖、鹹水湖——青海湖。

青海湖湖面東西長，南北窄，略呈橢圓形。乍看上去，的確就像是一滴美麗的眼淚。再加上青海湖本就是地球新構造運動中海水退卻、青藏高原強烈隆起遺留下的「女兒」，因此更有「地球上的一滴淚」之稱。

別小看這滴淚珠，它可有着不同凡響的前世今生。

據說，當年天宮最大的活動——王母娘娘的蟠桃會就設在青海湖畔，每逢農曆三月初三、六月初六、八月初八，雍容華貴的王母娘娘就邀請各路神仙來參加她的私人派對，玉皇大帝也會出席。期間，王母娘娘還親自安排仙子摘蟠桃，而我們熟悉的孫悟空偷吃仙桃，就發生在一次蟠桃會上。

今天，在青海湖畔，我們還能看見「西王母瑤池」碑石。

青海湖地處奇趣大地青海省，這也注定了有關它的童年故事聽起來神乎其神。比如藏族的「赤雪女王」、蒙古族的「庫庫淖爾」的傳說，講述的都是青海湖的由來。這些美麗的傳說使原本已經美到無與倫比的湖水更添傳奇色彩。

▲青海無波春雁下，草生磧裏見牛羊

青海湖靜卧在海拔3200米的青藏高原東北一隅，面積4500多平方公里，是當之無愧的中國第一大鹹水湖。據説過去騎馬跑一圈也得十來天，即使今天的吉普車環湖一圈也得花一天時間。古人賦予它海的名字，是因為它有海的氣魄，宏偉磅礴、煙波浩渺。

▲古代人騎馬環湖

◀現代人開車環湖

摸摸青海湖的心跳

藏語裏，青海湖叫「雍措赤雪嘉姆」，意思是「碧玉湖赤雪女王」。相傳，很久很久以前，青海湖附近是一片茫茫草原，草原上有一眼永遠不會枯竭的神泉，在神泉滋養下，水草肥美、牛羊成羣，人們過着天堂般的生活。居住在祁連山上的赤雪女王嫉妒人們的幸福生活，破壞了神泉，結果泉水形成大海，淹沒了好大一片草原。當地居民請大師搬來一座大山，壓住泉眼制止了災難，這就是如今矗立在青海湖中的海心山。大師又施法降伏了赤雪女王，使其成為青海湖區的保護神，永遠居住在青海湖裏。

在環湖百姓眼中，青海湖是赤雪女神聖潔的身軀，環湖民眾像對待自己的母親一樣尊崇它、呵護它。比如，藏語中把青海湖中的海心山叫「措什娘」，意為青海湖的心臟；鳥島叫「采瓦

日」，意為脾臟，還有湖畔的一些地名，比如「那龍」是耳環，「措強」是裝飾品。

不僅如此，青海湖周圍的四座大山——大通山、日月山、南山、橡皮山也被看作神山。這四座大山海拔都在 3600 米至 5000 米之間，舉目環顧，猶如四面高大的天然屏障，將青海湖緊緊地抱在懷裏。

千百年來，青海湖深沉而溫柔地守護着這一方兒女，在湖畔居民心中，青海湖不僅有着如夢如幻的美麗，更處處散發着聖潔和慈祥，想依偎的時候可以盡情依偎。他們熱愛、敬重、感恩青海湖，就像孩子對待自己的母親一樣。

◀赤雪女王——傳說中的青海湖區保護神

有封號的湖

湖也有封號？而且還是皇帝親自冊封？得到這份榮譽的正是青海湖。

青海湖是雪域神湖，這個說法流傳已久。據說，漢代皇帝曾經派使者去青海湖，並贈送給當地統治者一包針（針是精兵銳器的象徵）。當地人預感，漢代皇帝可能要派兵，就回贈了用藍布包着的一瓶水。漢代皇帝見到回禮後，斷定當地有大海。於是，就派探子去偵察。探子看見一片被

雪山環抱、綠草簇擁的藍綠色的水域，驚濤駭浪，洶湧澎湃。探子回去後，把所見到的情景稟報皇帝，君臣們商議，消除這個隱患的對策是每年派使者去祭海神，祈禱海水不要溢出。同時，配製抑制海水上漲的藥物，往海水中投放。從此，這種祭海活動一直沿襲下來。唐玄宗時，加封四海五嶽，封西海神（青海湖古稱西海）為廣闊王，在長安設壇遙祭，隨後宋、元、明歷代王朝不斷進行加封，祭祀不絕。

當地百姓通過「祭海」，虔誠回饋和報答青海湖的養育之恩。在祭海儀式上，湖區百姓向湖中拋寶瓶、金銀、糧食等，祈求國泰民安、人畜興旺、五穀豐登。特別是在藏曆水羊年，男女老少們成羣結隊，或坐車，或騎馬，或徒步繞聖湖一周，表達自己的敬意和祈願。祭海儀式後，還會舉行賽馬、賽犛牛、射箭等傳統體育比賽，表演桑德舞、吉祥鹿舞等民族歌舞。

▲風情濃郁的歌舞讓你目不暇接

▼碧草連天的草原上駿馬奔騰

感受青海湖一・感恩

湖畔藏族居民稱青海湖為「措甘瑪」。

猜一猜，「措甘瑪」在漢語中是甚麼意思？

「措甘瑪」漢語意思為「母親之海」。

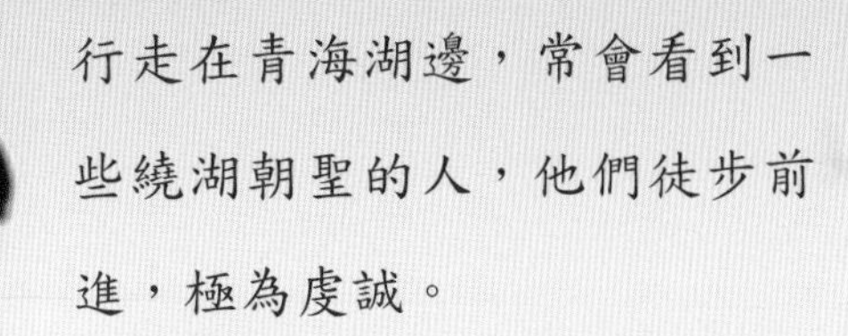

行走在青海湖邊，常會看到一些繞湖朝聖的人，他們徒步前進，極為虔誠。

選擇徒步環湖，有哪些收穫，又會遇到哪些困難呢？

收穫：鍛煉身心、引發思考、忘記煩惱、____________

困難：風吹、日曬、雨淋、腳掌起泡、____________

不過，也有人說，徒步環湖雖然艱苦，但重要的不是結果，而是過程，你怎麼看？

經幡，藏語為「塔俏」，意思是不停地飄動。青海湖畔，五色經幡飄蕩搖曳，每一次飄動都是對美好生活的祈願。

說說你是怎麼表達祝福的？寫小字條、摺千紙鶴、發手機短訊、____________________

____

▲摺千紙鶴

▲寫小字條

▲發手機短訊

旅程二

遠去的金戈鐵馬

消失的草原王國

曾經名揚四海的「王者之城」，如今靜靜橫臥，就像是吐谷渾王國蓋在青海湖畔草原上的一枚印章，留下些眉目，供懷古者憑弔。

你相信嗎，這些斷壁殘垣，1500多年前，竟然是個富麗堂皇的草原王國。

1500 多年前的一天，青海湖畔草原上使者商旅雲集，人聲鼎沸，他們都是趕來參加吐谷渾新都城——伏俟城落成慶典活動的。「伏俟」意思是「王者之城」。吐谷渾可汗揮斥方遒、神采飛揚，新都城在碧海藍天之間顯得宏偉高大，富麗堂皇。

說起吐谷渾王國的建立，可以說是個奇跡。「吐谷渾」原本是個人名，這個人為了給部落兄弟尋找一塊繁衍生息之地，從

東北的白山黑水出發，一路向西，千里跋涉，輾轉抵達青海，經過與當地人的交往、融合，逐漸壯大，終於實現夢想，建立了屬於自己的強大家園。吐谷渾的孫子葉延繼承了祖父的遺志，正式建立了地方政權，為紀念其祖父的功勛，遂以吐谷渾為國號和族名。

　　在神奇而瑰麗的青海湖畔，吐谷渾王國寫下了一個個傳奇：創造了絲綢之路南道幾個世紀的繁華，培育了聞名遐邇的千里馬「青海驄」，湧現出許多雄姿英發、見識不凡的傑出之士……這些成績對青藏高原的經濟、文化、民族變遷都產生了深遠的影響。

然而，逐漸鬆懈下來的吐谷渾，在隋唐歷史大環境下，走過 300 多年的輝煌後，逐漸消逝在歷史的深處。作為後人的我們，登上城牆遺址，只能想像吐谷渾的繁華與衰落。也許，曾擁抱過它的青海湖，對它的榮辱與衰還歷歷在目。

其實，除了「王者之城」，青海湖畔還有不少千年古城，雖然只剩下斷壁殘垣，但卻印證了祖先的足跡。說到這兒，你不妨側耳傾聽，青海湖波濤翻滾的聲音，是不是在低聲訴說着這滄海桑田，你不妨捧起湛藍的青海湖水，看看水珠裏有沒有凝結先人的光榮與夢想。

浪花輕吟，碧水彈唱，似在訴說厚重而淒美的歷史。

吐谷渾的後代去哪兒了？

如今，吐谷渾作為一個民族已經不復存在——據說吐谷渾人一部分融入陝、甘、青當地漢族和少數民族；另一部分融入吐蕃，成為後來的藏族。還有一說，今天青海境內為數不多的土族是當年吐谷渾的後裔，其根據是土族婦女最尊貴的傳統頭飾——吐渾扭達。你認為憑藉這個聯繫能夠探尋吐谷渾後代的去向嗎？

▲吐渾扭達

杜甫的想像力

我的想像力怎麼樣？

君不見青海頭，古來白骨無人收。

你有豐富的想像力嗎？給你一個題材，你能否展開想像的翅膀，寫出身臨其境的感覺？

杜甫就能。他有一首跟青海湖有關的著名詩作，其中寫道：「君不見青海頭，古來白骨無人收。」多麼具體可感、催人淚下，但據考證，杜甫可能一輩子也沒有到過青海湖，那他怎麼會想像出這般刀光劍影呢？

其實，在唐代，很多詩人都曾以青海湖為題材進行文學創作。在唐代詩人的筆下，青海湖畔總是荒蕪，充滿了戰爭、離別、殺戮，原本澄清翠綠的青海湖水，色彩似乎是灰暗的。連一向充滿豪邁浪漫氣質的詩人李白，也傷感地寫道：「漢下白登道，胡窺青海灣。由來征戰地，不見有人還。」

邊塞戰爭詩歌為甚麼選擇青海湖作為題材？

青海湖畔水草豐美，景色宜人，但由於地處中原通往西域各國的交通要道旁邊，這使得湖區成為兵家必爭之地。千百年來，金戈鐵馬，征戰不休。特別是在唐代，吐蕃與唐代大將薛仁貴、哥舒翰等先後在湖區鏖戰。「青海長雲暗雪山，孤城遙望玉門關。黃沙百戰穿金甲，不破樓蘭終不還。」可以想像，青海湖的上空籠罩着翻滾的烏雲，遠處的雪山若隱若現，那是怎樣蒼涼的景象。

▶青海長雲暗雪山

戰爭對各族人民的生活造成了嚴重破壞，渴望和平的心願像種子一樣萌發。唐代詩人高適曾樂觀地預言：「青海只今將飲馬，黃河不用更防秋。」總有一天，青海湖將恢復寧靜與和諧。

文成公主扔寶鏡

青海湖和平的一天，終於隨着唐代文成公主遠嫁吐蕃而到來了。

641 年的一天，一支浩浩蕩蕩的皇家隊伍向西行進，旌旗飄飄，車輪滾滾，一批批工匠，一箱箱書籍，簇擁着一輛精美的馬車，車中端坐着一位光彩照人的姑娘——年方十六的文成公主。

趁人不注意，公主掀開馬車布簾一角，探頭東望，車馬已經離開西寧；遠眺前路，只見良田片片，炊煙裊裊；抬眼前方，草海茫茫，路途漫漫。公主禁不住黯然神傷，她從包裹拿出了日月寶

鏡——這是臨別前唐太宗送給她的禮物，太宗告訴她，如果思念家鄉，就看這面寶鏡。這一看，文成公主彷彿看見了久違的家鄉長安，看到了想念的親人，她禁不住淚如泉湧。然而，公主深明大義，她知道自己肩負着和平的使命，毅然摔碎日月寶鏡，決心義無反顧西行。

不過，日月寶鏡的碎片和着文成公主的淚水，流淌到一座山的山腳下，後人就把這座山叫日月山。而從日月山流淌出來匯入青海湖的河流，從東向西流，隨文成公主的車馬而去，人們就把

這條河叫倒淌河，並認為這是公主的心願。

松贊干布迎娶文成公主後，中原與吐蕃之間關係極為友好，此後 200 多年間，很少發生戰爭，百姓安居樂業，商賈頻繁往來。

▲青海湖日月山，文成公主當年歇腳的地方

看看唐太宗給文成公主的嫁妝吧！

除了金銀財寶外，唐太宗特別準備了治病藥方、醫學論著、醫療器械、天文曆法書、建築施工類書籍，以及各種穀物等。

猜一猜，這些嫁妝會給吐蕃人的生活帶來哪些變化呢？

原子城退役啦

這是原子彈、氫彈模型，它們就珍藏在金銀灘草原上的原子城紀念館裏。

時光倒流到 20 世紀 50 年代，青海湖北岸的金銀灘草原突然被封閉起來，此後數十年間，知名科學家、留學歸來的博士、工程技術人員、名牌大學高材生，還有上萬名轉業軍人、支邊青年、普通工人，陸續抵達這裏，頭頂藍天、帳篷為家，組成了一個幾乎與世隔絕的神祕家園——原子城。

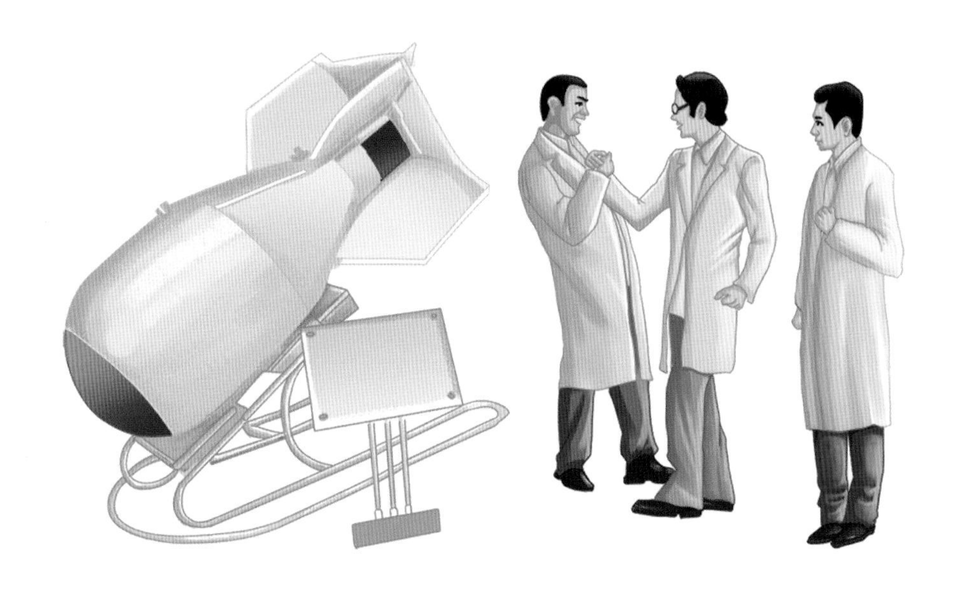

在這裏，他們懷着「受命於危難之際」的責任感，隱姓埋名、夜以繼日地工作着，克服了重重困難，最終成功研製了中國的第一顆原子彈和第一顆氫彈。

1995 年 5 月 15 日，新華社向全世界宣佈：中國第一個核武器研製基地全面退役。這再一次表明了中國全面禁止和徹底銷毀核武器的原則立場。

隨後，通過多年來的建設，原子城所在的西海鎮現已成為一個功能齊全、交通便利、環境優美、宜居的草原小鎮，而原子城這塊神祕禁地也敞開了它曾經封閉的大門，向世人展現其真實面貌。

感受青海湖二·責任

在原子城裏漫步，會看見一組名為「信箱」的情景雕塑：一位正在投信的妻子和離她不遠處正倚牆讀信的丈夫。雕塑來自一個感人的故事：1962 年，一對新婚不久的夫婦先後從北京來到原子城工作，出於保密要求，兩人都不知對方去了哪裏，只能靠鴻雁傳書。直到原子彈、氫彈都研製成功了，兩人在城區公共浴池前相遇，才發現，原來他們兩人的工作地點僅相隔幾十米。

如果你是故事主人公，相遇那一刻，會說甚麼？

公共浴池
原來你也在這裏。

他們為甚麼隱瞞對方，你能理解嗎？

多少祕密藏其中

半湖清水半湖魚

密密麻麻的鰉魚奮力地向上游挺進，遇到攔河壩或淺灘，就會用力飛躍，出現半湖清水半湖魚的壯觀景象。

你見過出動十匹馬去釣魚的奇特景觀嗎？

青海湖流傳着這樣一個故事：一次，捕魚隊拉網捕魚，網特別重，全體人員都上了陣還拉不動，最後不得不將十匹馬也派到「前線」，才把網拖了上來。一稱，足有一萬多公斤。

青海湖鰉魚見人不驚，幾乎隨手可抓。早年間，只要在冰面上鑿開一個個洞，然後在洞口點燃篝火，成羣結隊的魚便會飛快地湧來，一條條自動地躍出洞口，由於天氣太寒冷，躍出洞口的魚馬上被凍在冰面上，這就是膾炙人口的青海「冰魚」！近幾十年，由於捕撈過度，有些人甚至圍追堵截產卵中的鰉魚，致使鰉魚數量急劇減少，再難一睹「冰魚」奇觀。這種狀況甚至已經嚴重危及青海湖的生態平衡。

▲「冰魚」奇觀

為此，20 世紀 80 年代起，政府連續對青海湖實施封湖育魚政策，並累計向青海湖投放了 6000 餘萬尾 1 齡鰉魚魚種。

奇怪，青海湖的鰉魚為甚麼沒有鱗呢？

裸露身體，不要鱗片，才能把多餘的鹽和鹼排出體外，這是鰉魚為適應鹽鹼湖水而進化的結果。

青海湖畔放生鰉魚活動招募中

鰉魚生長極其緩慢，每10年才能生長0.5公斤，早在2004年，就被《中國物種紅色名錄》列為瀕危物種。但因為珍貴，售價高，以致盜捕現象不絕。備選食物這麼多，為嘗鮮吃珍稀野生魚，破壞生態環境，到底值不值呢？暑假到了，青海湖會舉辦放生鰉魚活動，你想參加嗎？

忙忙碌碌的鳥島

在中國，被稱之為「鳥島」的地方很多，但其中最出名的無疑還是青海湖的鳥島。

在青海湖的西北隅，有兩座大小不一、左右對峙的島嶼，這就是舉世聞名的鳥島。數以萬計的斑頭雁、魚鷗、棕頭鷗、鸕鶿等候鳥，一年一度來此歡度盛夏，遮天蔽日，聲揚數里，堪稱天下絕景。

候鳥們為何對青海湖「情有獨鍾」？牠們看中的正是青海湖獨特的自然環境——水草茂盛，魚類繁多。

到了產卵季節，鳥島鋪滿了密密麻麻的鳥蛋，天上、地下全是鳥的繁忙身影。有的銜草，有

斑頭雁據説能在8小時內飛越喜馬拉雅山脈，是世界上飛得最高的鳥類之一。

的啄泥，經過 20 多個晝夜的孵化，雛鳥相繼出殼，跟在自己的爸媽後面搖搖晃晃、嘰嘰喳喳。當雛鳥羽翼漸豐時，爸爸媽媽就會帶着牠們去玩耍、覓食。當秋天氣温漸涼時，候鳥們「攜兒帶女」飛回南方越冬。如此年復一年，牠們過着繁忙、喧鬧、快樂的遷徙生活。

早在 1980 年，青海湖鳥島就被列為國家級自然保護區，無數遊人專程前來觀光，感受羣鳥戲海的迷人景觀。為了不破壞候鳥的日常生活，同時又方便遊人觀賞，青海省政府在島上興建了暗道、地堡和瞭望台等設施。在瞭望台上，遊客可以看到候鳥雲集、鳥蛋遍地的奇特風光，許多關於青海湖鳥島的優秀攝影作品都是在這裏拍攝的。

在北京國家動物博物館裏，通過「下一代互聯網技術」高清影像，我們能實時監測青海湖鳥島，欣賞到雛鳥第一次飛翔、第一次捕魚等珍貴畫面。

網上觀鳥與實地觀鳥，各有甚麼特點？高科技與大自然還能有哪些「合作」呢？

小廣告騙了隋煬帝

你知道「長安壯兒不敢騎，追風掣電傾城知」這句詩形容的是甚麼嗎？

古代的千里馬——青海驄。

現代社會，馬在生活中所起的作用越來越小，主要用於馬術運動和生產乳肉。但在古代，馬從幾千年前被人類馴服後，就承擔着農業生產、交通運輸和軍事的重任，一匹寶馬可能價值千金。

而青海驄則是寶馬中的「翹楚」，堪稱神駿天驕。誰培育、馴養了牠們呢？我們前面提到過草原王國——吐谷渾，吐谷渾人藉助青海湖畔的天然牧場，細心馴養，終於培育出改良馬種——青海驄。

酒香還怕巷子深，吐谷渾人早在 1000 多年前就深諳營銷之道。出於政治和經濟的需要，他

們給青海驄做了大量的「銷售廣告」，不過廣告有點誇大其詞，因為他們說青海驄是將母馬放入青海湖海心山中培育得到的千里馬，號稱龍種。

可笑的是，隋煬帝竟然對這則小廣告深信不疑，特地命人將 2000 匹母馬趕入海心山，想得到傳說中的千里馬，結果無功而返。這也許是歷史上第一宗因虛假廣告而受騙的案例，受害者不是一個普通消費者，而是一國之君！如果當時有消費者委員會，恐怕隋煬帝也去投訴了。

不過，青海驄的美譽度並沒受到損失。到了唐代，豪門貴族們常騎着青海驄外出遊玩或參加馬球遊戲；宋代時人們更是別出心裁，讓善走對側步的青海驄在宴會上翩翩起舞；明代時，隨着茶馬交易市場繁榮，青海驄也走向了更廣闊的天地。

而今，快速便捷的現代化交通工具到處奔馳，追風逐電的青海驄難覓蹤跡。不過，隨着民間養馬活動日漸復甦，駿馬飄逸的風姿再次成為青海湖獨特的風景。

用馬匹能換取茶葉？一匹馬能換幾斤茶葉？茶馬互市是古代青海湖與中原地區的重要貿易方式，馬源充裕時，一百斤茶葉可換一匹馬；馬源緊張時，上千斤茶葉才能換一匹馬。想一想，茶馬交易為甚麼會出現？為甚麼一方需要茶葉，一方需要馬？

藍色誘惑來啦

環湖賽是全亞洲級別最高、規模最大、海拔最高的國際公路自行車賽。

千里走單騎

湛藍的天空、流動的雲朵、碧藍的湖水、金燦燦的油菜花，在這片美麗的風景當中，又加入了另一片流動的風景，這就是參加環青海湖國際公路自行車賽的車手，以及他們的滾滾車輪。

近年來，隨着環青海湖國際公路自行車賽的成功舉辦，每年 4 月到 8 月，會有來自世界各地的騎行勇士環遊青海湖，並且呈現出不斷壯大的趨勢。不過，騎行 1500 多公里，還是在平均海拔 3000 米以上，對運動員的體能和毅力都是巨大的挑戰。可是，想一想飛馳在青海湖畔的感覺，還是禁不住誘惑。

有時候，你還能遇到環青海湖騎行的一家人。父母和孩子們腳踏山地車，一同感受唯美的草原、沙漠、戈壁、藍天、白雲、湖水，一起分享淳樸的民風，一起經受體力、毅力和責任感的考驗，是不是很有收穫呢？你也想參加嗎？

青海湖畔趕花會

「在那遙遠的地方，有位好姑娘，人們走過她的帳房都要回頭留戀地張望。她那粉紅的笑臉，好像紅太陽，她那美麗動人的眼睛，好像晚上明媚的月亮。我願流浪在草原跟她去放羊，每天看着那粉紅的小臉，和那美麗金邊的衣裳。」

當你環湖騎行，正感到體力不支之際，突然一陣歌聲飄蕩耳畔，裹挾着青海湖萬頃碧波、鮮花海洋和成羣牛羊，你頓時感到心曠神怡，倦容隨之一掃而空。

這裏的姑娘和小伙子都有着天生的好嗓子，不用麥克風，也能用高亢嘹亮的嗓音，唱出如同天籟之音的「花兒」。青海的少數民族大部分都會以一種叫「花兒」的民歌調子來表達內心世界。

青海湖的「花兒」開遍世界，得益於「西部歌王」王洛賓。王洛賓是土生土長的北京人，青年時代一心憧憬着到巴黎進修音樂，成長為真正的音樂家。因緣際會，20 世紀 30 年代，他來到青海湖采風，在金銀灘草原上，人生的航程因「花兒」改變了方向。他發現，原來最美的歌就在祖國，就在身邊。於是，這個行走在音樂朝聖之路上的旅人，最終把「家」選在有歌聲的地方，他創作的那首《在那遙遠的地方》，使青海湖畔的金銀灘一舉成名天下知。

青海湖這一帶會唱「花兒」的人太多了，大量出色的歌手就是普通農民，他們不識譜，但是音樂天賦不得了。男子嗓音渾厚而嘹亮，女子一開口便是「花腔女高音」。趕上農曆六月六，家家户户都會從四面八方趕來，在山頭、樹下、河旁、林間對歌，伴隨着漫天遍野的油菜花，從清晨一直唱到傍晚。

你體會過放歌山野間的感覺嗎？

與室內卡拉OK有甚麼不同？

旅程五

湖畔的環保課

請幫幫我，我正在被沙漠侵蝕！

下一個羅布泊？

你平時關注氣象嗎？前幾年，氣象監測發現，青海湖以南地區的沙丘正在以一年 5.9~8.6 米的水平速度移動，同時，還在以一年 20 米左右的速度長高。

這說明甚麼？說明青海湖的沙漠化程度正在加劇。雖說，注入青海湖的河流有百餘條，但難以想像的是，如此之多的河流竟不能控制湖面下降的局面。湖水退縮、陸地延伸的痕跡清晰可辨。

羅布泊這個面積幾乎與北京相當的鹽水湖，曾漁歌唱晚，據說出使西域的張騫途經此地時，驚詫於它的美麗。可是，20世紀70年代，羅布泊竟從人間蒸發，消逝在茫茫沙海，從此沒有一棵草、一條溪，天空中不見一隻鳥。其命運讓人感到心痛與無奈。有人擔心，面臨人類和自然界雙重侵害的青海湖，會成為第二個羅布泊。這種擔心是杞人憂天，還是未雨綢繆？

你想天天見到我嗎？

難怪有人大聲疾呼，再不保護青海湖，中國又會多一個羅布泊！這不是危言聳聽，湖泊同自然界的任何事物一樣，都有其產生、發展和衰老的過程。而且，一旦青海湖沙漠化趨勢加重，鳥類的棲息環境就會惡化，生活在這裏的世界級珍稀動物普氏原羚和極其珍貴的鰉魚也將面臨滅絕的危險。

值得慶幸的是，隨着政府和人們對青海湖的關注，隨着封湖育魚、防風固沙、退耕還林等生態建設工程的實施，過度放牧、捕撈、種植的勢頭已經得到了一定的遏制。近年來，青海湖流域生態環境保護成效顯著，氣象局遙感監測數據顯示，青海湖湖水面積連續幾年不斷增大，達到近十年來的最大值。

學做生態寶瓶

沿湖羣眾也積極投入青海湖環保工作中，從研製「祭海」寶瓶就可見一斑。

前面我們提到過，青海湖是環湖居民，特別是藏族人民心中的「聖湖」。每年，當地藏族羣眾都會成羣結隊地來湖邊「祭海」，祈求國泰民安、人畜興旺、五穀豐登。「祭海」分為幾個步驟，其中重要一步是投放寶瓶。寶瓶裏裝有青稞、小麥、豌豆、粟米、蠶豆五種作物，同時還把珊瑚、蜜蠟、瑪瑙等碾成粉末與作物混合在一起。過去，寶瓶是瓷器或者絲綢製成的，投放到青海湖中，無法消化分解，會產生新的污染。怎麼解決這個問題呢？湖區居民想出了一舉兩得的好辦法：用炒麪、大米和青稞做成生態寶瓶，取代不能分解的瓷瓶。

生態寶瓶有甚麼優點呢？放在水裏三個小時就會完全融化，不僅不會對青海湖水造成任何污染，還為魚和鳥增添了食物。真是一舉兩得！

在一片祈禱聲中，承載着心願的寶瓶被投入湖中。一時間，碧波蕩漾的青海湖裏，沉澱着數不盡的情意。據說，誰的寶瓶沉得越快，就表示來年越吉祥如意。也就是說，在裝寶瓶時一定要儘量塞滿，因為塞得越滿，沉得越快，就證明你的心意越真誠。

感受青海湖三・愛護

以前做投入青海湖的心願寶瓶都是用瓷器和絲綢，現在做寶瓶用的是炒麪、大米和青稞。

嘗試用大米或者豆腐皮製作一個能吃的環保許願瓶吧！在瓶子上畫上自己喜歡的動物、花、草、星星等圖案，許下願望，約定來年願望成真！

用青稞和大米製成的生態寶瓶，從外形上可以清晰地看到青稞或大米粒一顆顆抱在一起的樣子，再繪上具有民族特色的圖飾，你說是不是更有新意呢？

幸福

我的家在中國・湖海之旅 6

雪域神湖 民族風 青海湖

檀傳寶◎主編　陳苗苗◎編著

責任編輯：梁潔瑩
裝幀設計：龐雅美
排　版：龐雅美　鄧佩儀
印　務：劉漢舉

出版／中華教育
香港北角英皇道 499 號北角工業大廈 1 樓 B
電話：（852）2137 2338
傳真：（852）2713 8202
電子郵件：info@chunghwabook.com.hk
網址：https://www.chunghwabook.com.hk/

發行／香港聯合書刊物流有限公司
香港新界荃灣德士古道 220-248 號
荃灣工業中心 16 樓
電話：（852）2150 2100
傳真：（852）2407 3062
電子郵件：info@suplogistics.com.hk

印刷／美雅印刷製本有限公司
香港觀塘榮業街 6 號
海濱工業大廈 4 樓 A 室

版次／ 2021 年 3 月第 1 版第 1 次印刷

規格／ 16 開（265 mm x 210 mm）